FORSCHUNGSBERICHTE DES LANDES NORDRHEIN-WESTFALEN

Nr. 1414

Herausgegeben

im Auftrage des Ministerpräsidenten Dr. Franz Meyers

von Staatssekretär Professor Dr. h. c. Dr. E. h. Leo Brandt

DK 669.15.26 : 620.18 : 544.62

Prof. Dr. phil. Walter Koch

Dipl.-Phys. Helga Kolbe-Rohde

Dr. rer. nat. Jürgen Dittmann

Max-Planck-Institut für Eisenforschung Düsseldorf

Untersuchungen zur Kinetik der Karbidbildung in Chromstählen

WESTDEUTSCHER VERLAG · KÖLN UND OPLADEN 1964

ISBN 978-3-322-98370-1   ISBN 978-3-322-99111-9 (eBook)
DOI 10.1007/978-3-322-99111-9

Verlags-Nr. 011414

Gesamtherstellung: Westdeutscher Verlag

Inhalt

Vorwort

Das bei hohen Temperaturen beständige kubisch flächenzentrierte γ-Eisen vermag sowohl Kohlenstoff als auch Legierungsmetalle in fester Lösung aufzunehmen. Beim Abkühlen hat eine solche feste Lösung das Bestreben, sich in kubisch raumzentriertes α-Eisen umzuwandeln, das bei Temperaturen unterhalb 720°C die allein beständige Phase ist. Da das α-Eisen aber praktisch keinen Kohlenstoff zu lösen vermag, werden bei dieser polymorphen Umwandlung Karbide ausgeschieden, die, je nachdem welche Legierungselemente zuvor im γ-Eisenmischkristall gelöst waren, unterschiedlich zusammengesetzt und auch von unterschiedlicher Struktur sein können. Das Ausscheiden der Karbide ist mit starken Entmischungen verbunden, die in dem festen Metall nur durch Diffusion der Kohlenstoff- und der Metallatome erfolgen können. Da insbesondere die letzteren relativ langsam diffundieren, hängt der Ablauf dieser Reaktion, der für die Frage der Stahlhärtung von ausschlaggebender Bedeutung ist, abgesehen von der Temperatur, in starkem Maße von der Zusammensetzung der zur Ausscheidung kommenden Karbide bzw. vom Verhältnis der Legierungselemente in den Karbiden und im α-Mischkristall ab, das oft Beträge von 30 und mehr erreichen kann.

Diese Vorgänge wurden zunächst bei Chromstählen näher untersucht, in denen man in den verschiedenen Zeitabschnitten des Reaktionsablaufs die Karbide durch anodische Auflösung freigelegt und ihre Veränderungen mikroanalytisch, elektronenmikroskopisch und strukturanalytisch festgestellt hat [1, 2].
Es wurde gefunden, daß bei der polymorphen Umwandlung, die bei Temperaturen um 600°C bis zu 1 Stunde benötigen kann, α-Eisen und Karbide gebildet werden, deren Legierungsgehalte zwar beide von den mittleren Legierungsgehalten der γ-Mischkristalle schon stark abweichen, die aber trotzdem miteinander noch nicht im chemischen Gleichgewicht stehen. Nach erfolgter γ-α-Umwandlung ändert sich daher beim Glühen die Zusammensetzung des α-Eisens und der Karbide weiter, und ein Gleichgewichtszustand wird oft erst nach mehreren hundert Stunden erreicht. Die Karbide verändern während dieser Zeit neben der Zusammensetzung auch ihre Form und oft auch ihre Struktur.

I. Problemstellung

Die Untersuchung dieser im festen Metall ablaufenden chemischen Reaktionen ist besonders schwierig, wenn dabei verschiedene Karbide nebeneinander in wechselnder Menge auftreten und – bedingt durch ihre Entstehung – miteinander verwachsen sind. Das ist z. B. bei Chromstählen mit über 3% Cr der Fall, die nach dem Zustandsschaubild bei Temperaturen unter 720° C aus α-Eisenmischkristallen und hexagonalen Mischkristallen des Karbids $(Cr, Fe)_7C_3$ bestehen sollten. Bei der polymorphen Umwandlung scheidet sich in diesen Stählen aber zunächst als instabile Zwischenphase ein o-rhombisches Mischkristallkarbid $(Fe, Cr)_3C$ – ein Eisenkarbid, in dem gewisse Eisenplätze von Chromatomen eingenommen werden – aus, an das erst beim weiteren Ablauf der Reaktion als stabile Gleichgewichtsphase hexagonale Mischkristallkarbide $(Cr, Fe)_7C_3$ – Chromkarbide, in

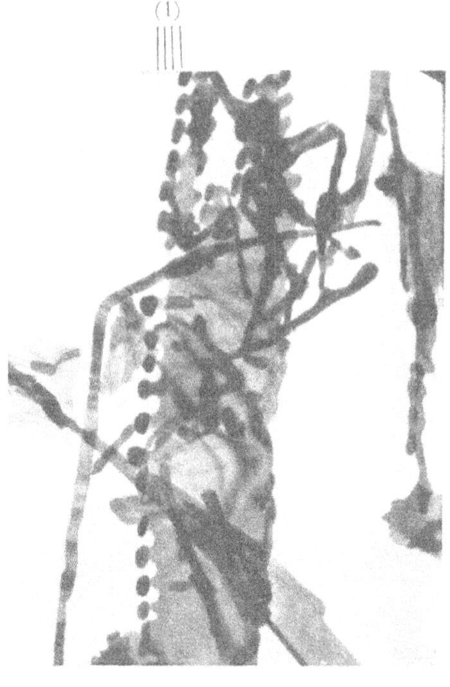

Abb. 1 Elektronenmikroskopische Aufnahme einer Eisenkarbidlamelle $(Fe, Cr)_3C$ mit neugebildeten Chromkarbiden $(Cr, Fe)_7C_3$ (1) aus einem Stahl isoliert (24 000:1)

denen eine Anzahl Chromgitterplätze durch Eisenatome besetzt werden – an-
kristallisieren. Diese wachsen und vermehren sich dann in dem Maße, wie sich das
o-rhombische Karbid auflöst. Beim Erreichen des Gleichgewichtes bestehen nur
noch die Chromkarbide. Bei elektronenmikroskopischer Betrachtung der noch
nicht im Gleichgewicht befindlichen freigelegten Karbide (Abb. 1) erkennt man
das Chromkarbid (1) an den Rändern der von Elektronen durchstrahlten Eisen-
karbidlamellen. Beide Karbide lassen sich bei dieser Verwachsung auch nach einer
elektrolytischen Zerlegung des Stahles weder chemisch noch physikalisch zuver-
lässig voneinander trennen. Eine Analyse der freigelegten Karbide erbringt hier
nur Durchschnittsgehalte an Eisen, Chrom und Kohlenstoff, während ein DEBYE-
SCHERRER-Diagramm bestenfalls eine Abschätzung der Mengenanteile beider
Phasen erlaubt.

Um trotzdem einen Überblick über die zeitlichen chemischen Veränderungen der
einzelnen Phase im Gemenge zu erhalten, wurde zunächst versucht, die Veränderungen der Gitterkonstanten des o-rhombischen Eisenkarbids mit steigendem
Chromgehalt zu ermitteln mit dem Ziel, aus dem DEBYE-SCHERRER-Diagramm
auf die Zusammensetzung des Karbids im Gemenge schließen zu können. Die
Untersuchung [2] erbrachte jedoch, daß die Änderungen einerseits relativ gering
sind, andererseits sich alle drei Gitterkonstanten des o-rhombischen Karbids in
sehr unterschiedlichem Maße und nicht linear verändern. Ein hinreichend genauer
Rückschluß auf seine Zusammensetzung wird dadurch praktisch unmöglich.

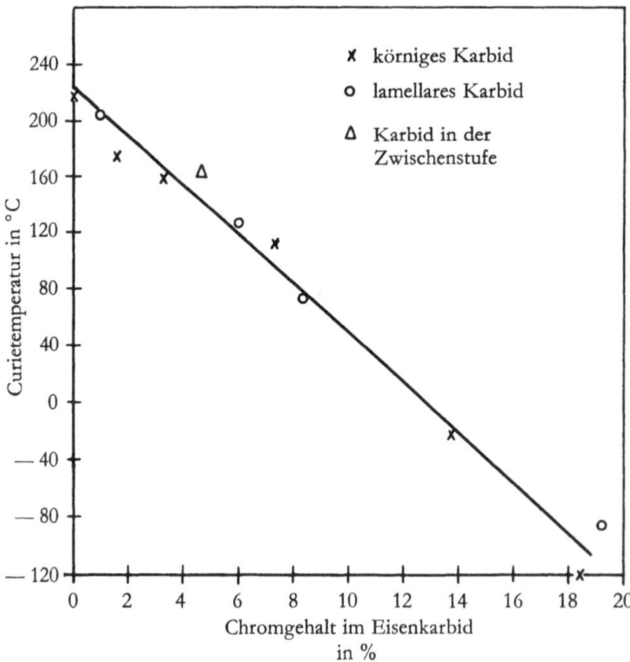

Abb. 2   Abhängigkeit der Curie-Temperatur vom Chromgehalt im Eisenkarbid, nach [3]

Eine bessere Möglichkeit bot die Verfolgung der magnetischen Eigenschaften des o-rhombischen Karbids [3], das im Gegensatz zum hexagonalen Chromkarbid ferromagnetisch ist und dessen magnetische Sättigung und *Curie*-Temperatur mit steigendem Chromgehalt abnimmt, letztere von $+ 220°C$ für das chromfreie Fe_3C bis auf $- 120°C$ für das mit 18% Cr an Chrom gesättigte, Abb. 2. Mit Hilfe dieser Messung war es bereits möglich, den Chromgehalt des Eisenkarbids im Gemenge mit Chromkarbiden auf $\pm$ 2–3% absolut zu ermitteln. So konnte z. B. festgestellt werden, daß beim Ablauf der Reaktion die instabilen Eisenkarbide noch bis zu ihrer Wiederauflösung Chrom aus dem umgebenden α-Eisen aufnahmen. Ungeklärt blieb jedoch die Frage, ob neben der Menge auch die Zusammensetzung des entstehenden stabilen Chromkarbids sich im Laufe der Zeit noch wesentlich ändert.

Neuerdings wurden nun auch die Gitteränderungen des hexagonalen Karbids $(Cr, Fe)_7C_3$ mit steigendem Eisengehalt untersucht, um festzustellen, ob auf diesem Weg eine Ermittlung der Zusammensetzung im Gemenge mit chromhaltigem Eisenkarbid möglich ist.

II. Änderung der Gitterkonstanten des hexagonalen Chromkarbids Cr_7C_3 mit Eintritt von Eisen in das Gitter

A. Westgren, G. Phragmen und Tr. Negresco [4] haben schon 1927 berichtet, daß sich die Gitterkonstanten a und c des hexagonalen Chromkarbids Cr_7C_3 ändern, wenn Eisenatome in das Gitter eingebaut werden. Sie geben die Änderungen beider Gitterkonstanten in Abhängigkeit vom Chromgehalt der Legierung bzw. vom Chromgehalt des Karbids an. Danach ändern sich beide in nahezu gleichem Maße, so daß das Verhältnis c/a – wenn man die Ergebnisse obiger Arbeit zugrunde legt, Abb. 3a–c – sich nicht wesentlich ändert. Später wurden für einzelne Zusammensetzungen von verschiedenen anderen Autoren Gitterkonstanten des eisenhaltigen Mischkristallkarbids gemessen, die mit den obigen Angaben aber nicht übereinstimmten. So bestimmten z. B. W. Hofmann und R. Deponte [5] die Konstanten für ein aus Ferrochrom gewonnenes Karbid mit 59,6% Cr und 29,5% Fe zu a $= 13,982$ KXE und c $= 4,471$ KXE, Kreise in Abb. 3a und b; und B. G. Lifsic und K. V. Popov [6] die Konstanten eines Karbids mit 33% Cr zu a $= 13,892$ KXE und c $= 4,481$ KXE, Dreieck in Abb. 3a und b.

Wir verwendeten zur Untersuchung insgesamt zwölf hexagonale Chromkarbidmischkristalle mit Eisengehalten von 1,5 bis 58%, die z. T. durch elektrolytische Isolierung und z. T. durch Ersintern gewonnen wurden. Alle Präparate ergaben scharfe *Debye-Scherrer*-Diagramme, von denen Abb. 4 einige wiedergibt. Die Indizierung der Diagramme wurde nach den Strukturangaben von A. Westgren [7] vorgenommen. Man erkennt insbesondere an dem die Linien 1000 bis 660 umfassenden Bereich des Diagramms die mit steigendem Eisengehalt eintretenden Gitteränderungen. An der relativen Verschiebung, die z. B. die Linien 10 0 0 und 6 0 3 mit steigendem Eisengehalt erfahren, ist darüber hinaus zu erkennen, daß das Verhältnis c/a nicht gleichbleibend sein kann, sondern die Gitterkonstante a, von der die Verschiebung der Linie 10 0 0 allein abhängt, sich sehr viel stärker ändern muß als die Gitterkonstante c. Die Abb. 5 zeigt die Änderung der Glanzwinkel ϑ mit steigendem Eisengehalt für die Linien 10 00, 6 0 3 und 10 01. Aus der Abbildung ist zu erkennen, daß eine einwandfreie optische Trennung der Linien 10 00 und 6 0 3 ab etwa 45% Eisen im Mischkristall nicht mehr möglich ist, da die Linien bei solch hohen Winkeln ($\vartheta > 70°$) selbst eine Breite von etwa 1° haben, der Abstand aber nur noch etwa $\frac{1}{2}°$ beträgt. Eine Messung der beiden Intensitätsmaxima eines solchen Linienpaares ist aber meist auch unmöglich, da die geringe Intensität der Linie 10 00 aus dem Streufeld der stärkeren Linie 6 0 3 nicht mehr hervortritt. Aus *Debye-Scherrer*-Aufnahmen der zwölf Karbide wurde nun die Gitterkonstante a berechnet. Das Ergebnis ist in der Tab. 1 zusammengestellt. Man erkennt, daß sich mit steigendem Eisengehalt die Gitterkonstante a stark verkleinert. Die Gitterkonstante c ist praktisch keiner Veränderung unterworfen

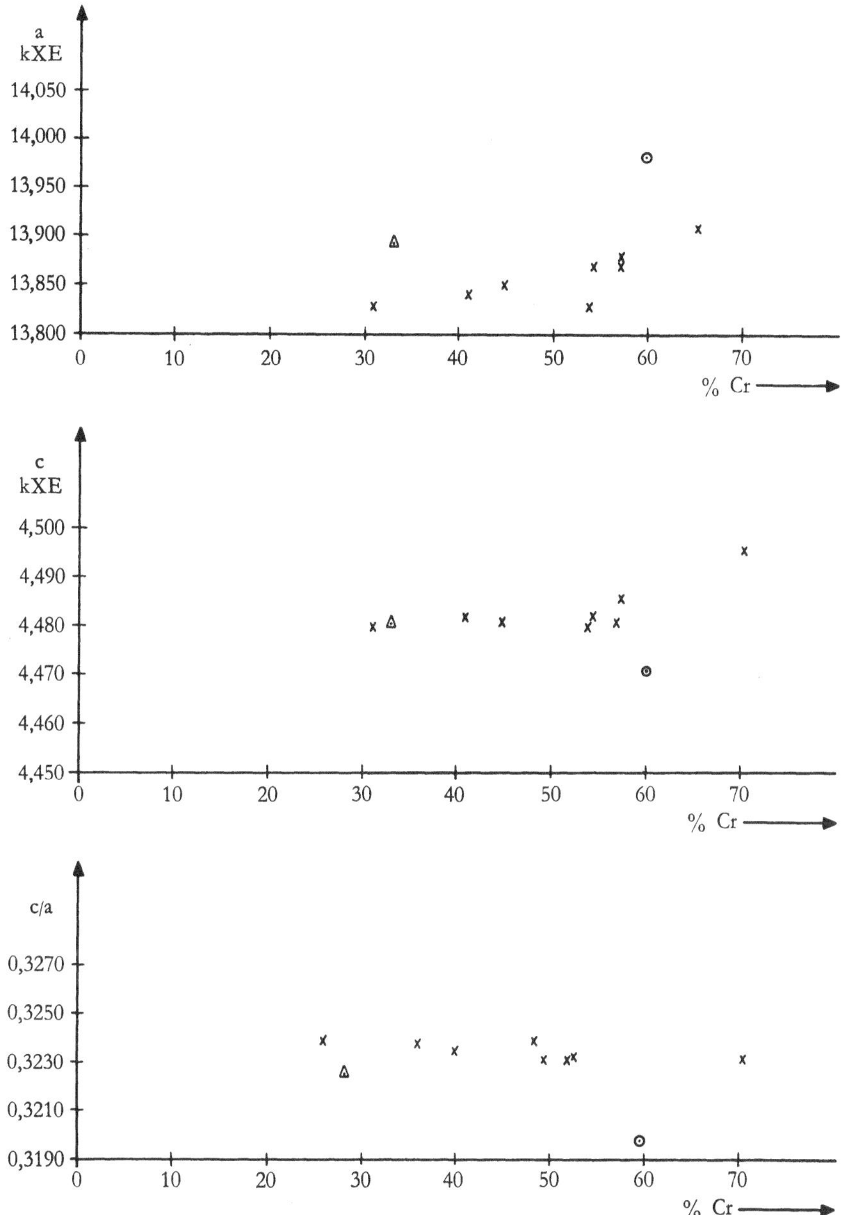

Abb. 3a–c   Abhängigkeit der Gitterkonstanten a und c sowie des Verhältnisses c/a im $(Cr, Fe)_7C_3$ vom Chromgehalt, nach [4, 5, 6]

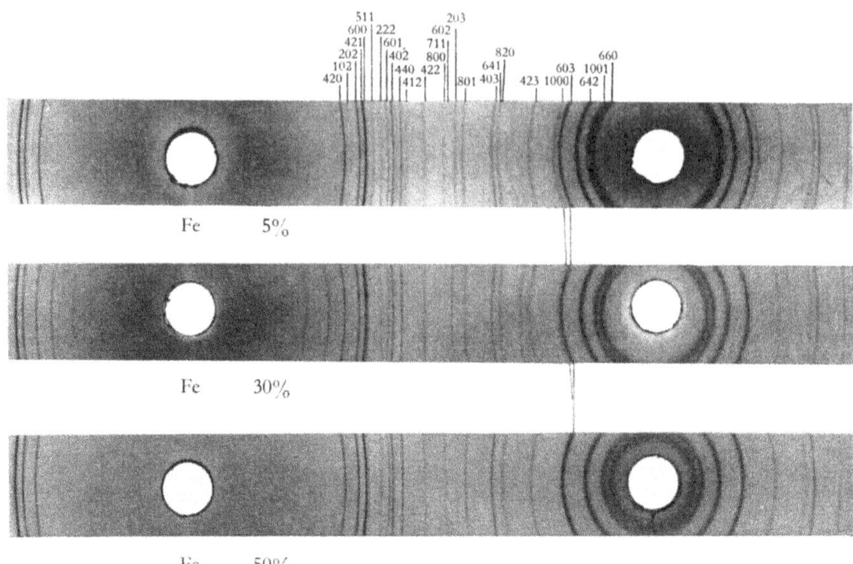

Abb. 4 (Cr, Fe)$_7$C$_3$ mit unterschiedlichem Fe-Gehalt
DEBYE-SCHERRER-Aufnahmen mit Cr-Strahlung

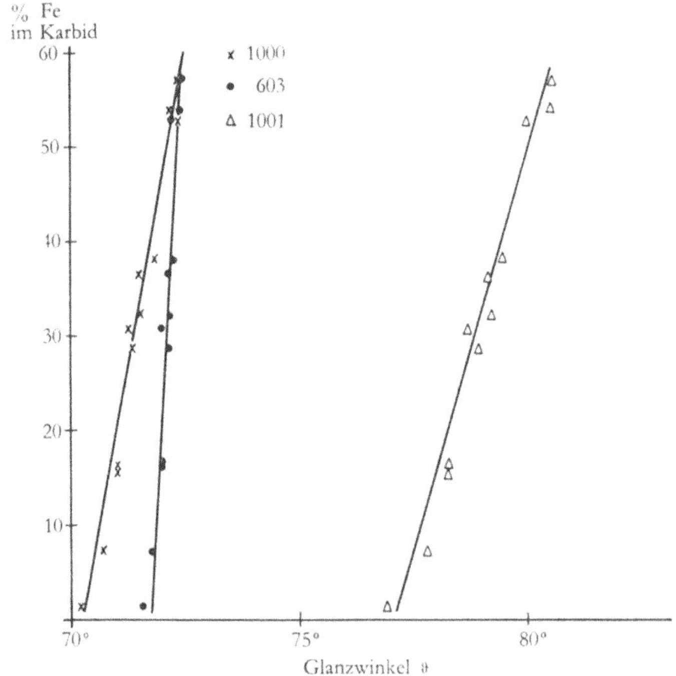

Abb. 5 Abhängigkeit der ϑ-Werte der Linien 1000, 603 und 1001 vom Eisengehalt im
(Cr, Fe)$_7$C$_3$

14

Tab. 1 Änderung der Gitterkonstanten a im hexagonalen Chromkarbid
(Cr, Fe)$_7$C$_3$ mit steigendem Eisengehalt

% Fe	Gitterkonstante a (KXE)
1,5	14,032
7,3	13,987
16,1	13,962
16,6	13,956
28,6	13,923
30,6	13,933
32,4	13,916
36,6	13,912
38,4	13,892
53,9	13,869
53,0	13,845
57,6	13,840

und schwankt lediglich, ohne daß ein Zusammenhang mit dem Eisengehalt ersichtlich war, um den Mittelwert von 4,495 KXE mit ± 0,003.

Um das Ergebnis zu sichern, wurden dann die in den Diagrammen beobachteten sin$^2\vartheta$-Werte mit den aus den Strukturangaben berechneten verglichen. Dieser Vergleich wurde einmal für konstantes c und weiter für kleine mögliche Änderungen von c im Rahmen des Meßfehlers durchgeführt. Dabei wurden im Gegensatz zu den Untersuchungen von A. WESTGREN, G. PHRAGMEN und TR. NEGRESCO [4] bei allen Diagrammen die beste Übereinstimmung zwischen den beobachteten und berechneten Interferenzen festgestellt, wenn man einheitlich mit der gleichen Gitterkonstante c = konstant = 4,495 KXE rechnete und annahm, daß sich nur die Gitterkonstante a änderte. Der Vergleich wurde für alle Karbide und für alle erlaubten und zugleich beobachteten Interferenzen durchgeführt. Die Tab. 2 gibt ein vollständiges *Debye-Scherrer*-Diagramm eines (Cr, Fe)$_7$C$_3$ mit 30,6% Fe wieder. Die Werte der Spalte 2 (sin$^2 \vartheta^{Cr}_{ber.}$) wurden mit den Gitterkonstanten a = 13,933 KXE und dem mittleren Wert für c = 4,495 KXE berechnet. Dabei ergibt sich, daß die Summe aller Fehler V = sin$^2 \vartheta_{ber.}$ — sin$^2 \vartheta_{beob.}$ den Wert — 0,0186 hat. Bei einer guten Übereinstimmung zwischen beobachteten und berechneten Werten muß aber die Fehlersumme gleich Null werden.

Verfährt man nach den Vorschriften der Ausgleichsrechnung und setzt in die beiden Gleichungen

$$[AA]_x + [AB]_y - [Al] = 0 \quad \text{und}$$
$$[AB]_x + [BB]_y - [Bl] = 0$$

als Unbekannte x und y die Gitterkonstanten a *und* c ein, dann ergibt sich für a der gleiche Wert mit 13,933 KXE, für c dagegen 4,489 KXE, d. h. ein Wert, der unter dem benutzten mittleren Wert von c liegt.

Tab. 2 Übereinstimmung der beobachteten mit den berechneten $\sin^2\vartheta$-*Werten für*
c = 4,495 KXE und dem durch Ausgleichsrechnung gewonnen c im Wert von
4,489 KXE bei einem (Cr, Fe)$_7$C$_3$ *mit 30,6% Eisen*

1.	3.	2.	4.
h k l	$\sin^2\vartheta^{Cr}_{ber.}$	$\sin^2\vartheta^{Cr}_{beob.}$	$\sin^2\vartheta^{Cr}_{Ausgl.}$
4 0 0	0,1434	0,1440	0,1434
4 2 0	0,2510	0,2523	0,2510
0 0 2	0,2581	0,2591	0,2591
1 0 2	0,2670	0,2684	0,2682
2 0 2	0,2939	0,2958	0,2950
4 2 1	0,3155	0,3159	0,3158
6 0 0	0,3227	0,3232	0,3227
2 2 2	0,3656	0,3672	0,3667
6 0 1	0,3873	0,3883	0,3875
4 0 2	0,4015	0,4029	0,4025
4 4 0	0,4303	0,4313	0,4303
7 1 0	0,5110	0,5122	0,5109
8 0 0	0,5738	0,5739	0,5737
8 0 1	0,6383	0,6395	0,6385
4 4 2	0,6884	0,6905	0,6894
4 0 3	0,7241	0,7254	0,7264
6 4 1	0,7459	0,7478	0,7461
4 2 3	0,8317	0,8327	0,8340
10 0 0	0,8965	0,8956	0,8965
6 0 3	0,9034	0,9040	0,9057
6 4 2	0,9394	0,9382	0,9404
10 0 1	0,9610	0,9600	0,9613
6 6 0	0,9682	0,9674	0,9682

Die Konstanten A und B ergeben sich aus der quadratischen Form für das hexagonale System

$$\sin^2\vartheta = \frac{\lambda^2}{3\,a^2}(h^2 + h\,k + k^2) + \frac{\lambda^2}{4\,c^2}\,l^2$$

für jeden $\sin^2\vartheta$-Wert aus der Indizierung h k l der Linie. In den Bestimmungsgleichungen bedeutet l den beobachteten Wert.

Die Spalte 4 ($\sin^2\vartheta_{Ausgl.}$) gibt die nun berechneten $\sin^2\vartheta$-Werte. Eine Änderung ergibt sich dann natürlich nur für Netzebenen, die der c-Achse nicht parallel gehen. Zwar wird dann die Summe aller Fehler $V = \sin^2\vartheta^{Cr}_{Ausgl.} - \sin^2\vartheta^{Cr}_{beob.}$ sehr klein (— 0,0023), aber die Werte der entscheidenden, hochindizierten Linien weichen recht stark vom beobachteten Wert ab. Es ist daher berechtigt, auch hier den mittleren, unveränderten Wert für c einzusetzen.

Außerdem ist zu beachten, daß die Abweichungen der mit dem mittleren c-Wert berechneten $\sin^2\vartheta$-Werte von dem beobachteten Wert bei kleinen Glanzwinkeln negativ, bei großen dagegen positiv sind. Ein solcher Gang der Werte ist durch die Absorption am Präparat (Präparatdicke) ohne weiteres zu erklären.

Die Tab. 3 gibt die gute Übereinstimmung zwischen Beobachtung und Berechnung der $\sin^2\vartheta$-Werte der für die Bestimmung der Gitterkonstanten wichtigen Linien bei verschiedenen Eisengehalten wieder. Bei Abweichungen von c – Größenordnung 0,5 °/₀₀ – würde man allerdings ebenfalls gute Übereinstimmung erhalten, so daß aus diesem Ergebnis nicht streng geschlossen werden kann, daß die Gitterkonstante c sich beim Einbau von Eisenatomen absolut nicht ändert. Es sei nur festgestellt, daß die Änderungen der Gitterkonstante a – die sich mit steigendem Eisengehalt um insgesamt 1,4% ändert – sehr viel größer sind als die Änderungen der Gitterkonstante c. Die beobachtete Abhängigkeit der Gitterkonstante a vom Eisengehalt ist in Abb. 6 aufgetragen. Durch Ausgleichsrechnung

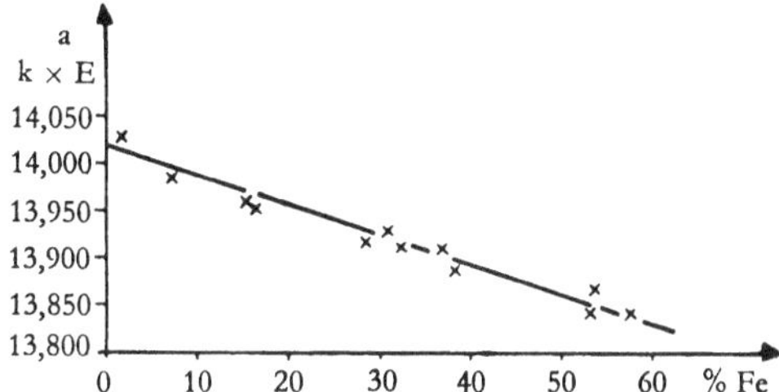

Abb. 6
Abhängigkeit der Gitterkonstanten a vom Eisengehalt

wurde die durch die Gerade dargestellte lineare Abhängigkeit gefunden. Man kann aus einem solchen Diagramm nun umgekehrt den Eisengehalt eines Mischkristallkarbids ermitteln, wenn man dafür sorgt, daß bei der Aufstellung des Bildes und der Auswertung alle weiteren Einflüsse gleichblieben.

Tab. 3 Beobachtete und berechnete $\sin^2\vartheta$*-Werte einiger hochindizierter Linien des (Cr, Fe)₇C₃ mit verschiedenem Eisengehalt*

% Fe	h k l	$\sin^2\vartheta_{\text{ber.}}^{\text{Cr}}$	$\sin^2\vartheta_{\text{beob.}}^{\text{Cr}}$
16,1	10 0 0	0,8928	0,8929
	6 0 3	0,9020	0,9019
	6 4 2	0,9366	0,9365
	10 0 1	0,9573	0,9568
	6 6 0	0,9642	0,9652
32,4	10 0 0	0,8987	0,8988
	6 0 3	0,9042	0,9055
	6 4 2	0,9411	0,9419
	10 0 1	0,9632	0,9629
	6 6 0	0,9706	0,9707
53,0	6 0 3	0,9075 ⎫	0,9079
	10 0 0	0,9079 ⎭	
	6 4 2	0,9481	0,9481
	10 0 1	0,9724	0,9724
	6 6 0	0,9805	0,9805

III. γ–α-Umwandlung und zeitlicher Verlauf der Mischkristallbildung des $(Cr, Fe)_7C_3$ in einem 6,18%igen Chromstahl

Untersucht man auf diese Weise die sich während eines Reaktionsablaufs bildenden Karbide durch anodische Auflösung der Stähle, so erkennt man, daß sich auch der Eisengehalt der hexagonalen Mischkristalle des Chromkarbids $(Cr, Fe)_7C_3$ noch beträchtlich ändert. Die Versuche wurden an einem in der Perlitstufe bei 700°C umgewandelten Chromstahl mit 6,18% Cr und 0,49% C durchgeführt. Eine Anzahl Proben dieses Stahles wurden bei 1100°C längere Zeit im γ-Bereich gehalten und dann bei 700°C umgewandelt und geglüht bei einer Temperatur, bei der die γ—α-Umwandlung in weniger als einer Stunde beendet ist.
In gewissen Zeitabständen zwischen 2 und 300 Stunden wurden dann Stahlproben aus dem Ofen genommen und die bis zu diesem Zeitpunkt entstandenen Karbide durch elektrolytische Isolierung unter potentiostatischen Bedingungen [8, 9] freigelegt. Das Ergebnis der Untersuchung ist in Tab. 4 zusammengestellt. Es zeigt, daß die Gitterkonstante a des Karbids von 13,893 KXE bis auf 13,926 nach 300stündiger Glühzeit ansteigt. Die Messungen entsprechen einer Abnahme des mittleren Eisengehaltes von 2% bis 100 Stunden und 11% bei 300 Stunden. Die Untersuchung hat somit erbracht, daß auch die in einem relativ späten Zeitpunkt der Reaktion entstehenden hexagonalen Chromkarbide nicht im Gleichgewicht mit den α-Eisenmischkristallen stehen, sondern bei langzeitiger Glühung noch einen beträchtlichen Teil ihres Eisengehaltes an die α-Eisenmischkristalle abgeben und dafür Chrom aus diesen aufnehmen. Der Chromgehalt der α-Mischkristalle geht dabei von anfänglich $\sim$ 2,9% auf 2,4% nach 300 Stunden zurück. Die Mischkristalle verlieren sogar zwischen 100 und 300 Stunden Glühzeit noch etwa 15% ihres Cr-Gehaltes.

Tab. 4   Gitterkonstanten a eines $(Cr, Fe)_7C_3$ aus einem 6,18%igen Cr-Stahl nach unterschiedlich langer Wärmebehandlung isoliert

1100°C/15′ + 15′, umgelegt auf	Gitterkonstante a (KXE) Mittel aus 5 Messungen
700°C 2 h	13,893
700°C 8 h	13,895
700°C 100 h	13,898
700°C 300 h	13,926

IV. Zusammenfassung

Die Gitterkonstante a der hexagonalen Chromkarbidmischkristalle (Cr, Fe)$_7$C$_3$ erniedrigt sich mit steigendem Eisengehalt um nahezu 1,4%, während die Gitterkonstante c praktisch unverändert bleibt. Bei der Umwandlung der γ-Mischkristalle von Chromstählen mit mehr als 3% Cr scheiden sich im Temperaturbereich von 500 bis 700°C anfänglich o-rhombische Eisenkarbidmischkristalle (Fe, Cr)$_3$C aus, die sich bei längerem Glühen wieder auflösen, wobei dann das obige hexagonale Chromkarbid ausgeschieden wird. Während dieser relativ langsam ablaufenden Reaktion sind beide Karbide miteinander verwachsen, und man kann sie aus den Stählen elektrolytisch nur gemeinsam freilegen. Man erhält auf diesem Weg daher auch keine Auskünfte über die Zusammensetzung der einzelnen Phasen im Gemisch. Durch Verfolgung der Gitterkonstante a kann man nun aber feststellen, daß die hexagonalen Karbide mit dem bei der Umwandlung entstehenden chromhaltigen α-Eisenmischkristallen noch nicht im Gleichgewicht stehen, sondern beim Glühen aus dem Mischkristall noch laufend Chrom aufnehmen und dafür Eisen an diesen abtreten. Dieser Prozeß verläuft auch noch nach über 100-stündigem Glühen weiter in einem Zeitpunkt, in dem die o-rhombischen Eisenkarbide längst wieder aufgelöst worden sind. Die α-Eisenmischkristalle verarmen dadurch beträchtlich an Chrom.

Prof. Dr. phil. WALTER KOCH
Dipl.-Phys. HELGA KOLBE-ROHDE
Dr. rer. nat. JÜRGEN DITTMANN

V. Literaturverzeichnis

[1] WEVER, F., und W. KOCH, Stahl u. Eisen (1954), 989–1000.
[2] WEVER, F., W. KOCH und H. ROHDE, Änderung des Habitus und der Gitterkonstante des Zementits in Chromstählen bei verschiedenen Wärmebehandlungen. Forschungsbericht des Wirtschafts- u. Verkehrsministeriums NRW 313 (1956).
[3] KOCH, W., W. JELLINGHAUS und H. ROHDE, Arch. Eisenhüttenwes. 31 (1960), 183–188.
[4] WESTGREN, A., G. PHRAGMEN und TR. NEGRESCO, Jernkont. Ann. 111 (1927), 513–534.
[5] HOFMANN, W., und R. DEPONTE, Arch. Eisenhüttenwes. 19 (1948), 73–78.
[6] LIFSIC, B. J., und K. V. POPOV, Doklady Acad. Nauk SSSR 70 (1950), 633.
[7] WESTGREN, A., Jernkont. Ann. 119 (1935), 231–240.
[8] KOCH, W., und H. SUNDERMANN, Arch. Eisenhüttenwes. 28 (1957), 557–566, u. Radex-Rundschau.
[9] KOCH, W., Angewandte Chemie, 75 (1963) S. 241-246

FORSCHUNGSBERICHTE
DES LANDES NORDRHEIN-WESTFALEN

Herausgegeben im Auftrage des Ministerpräsidenten Dr. Franz Meyers
von Staatssekretär Prof. Dr. h. c. Dr.-Ing. E. h. Leo Brandt

HÜTTENWESEN · WERKSTOFFKUNDE

HEFT 162
Prof. Dr. phil. Franz Wever,
Prof. Dr. rer. techn. Albert Kochendörfer und
Dr.-Ing. Chr. Rohrbach, Max-Planck-Institut für
Eisenforschung, Düsseldorf
Kennzeichnung der Sprödbruchneigung von
Stählen durch Messung der Fließspannug, Reiß-
spannung und Brucheinschnürung an dreiachsig
beanspruchten Proben
1955. 46 Seiten, 26 Abb. DM 13,—

HEFT 170
Prof. Dr. phil. Franz Wever, Dr. phil. Adolf Rose und
Dipl.-Ing. L. Rademacher, Max-Planck-Institut für
Eisenforschung, Düsseldorf
Anwendung der Umwandlungsschaubilder auf
Fragen der Werkstoffauswahl beim Schweißen und
Flammhärten
1955. 51 Seiten, 25 Abb. DM 13,70

HEFT 205
Dr. Carl Schaarwächter, Laboratorium für Rostschutz
und Oberflächentechnik, Düsseldorf
Über plastische Kupfer-Eisen-Phosphor-Legierun-
gen
1956. 25 Seiten, 10 Abb., 10 Tabellen. DM 8,30

HEFT 227
Prof. Dr. phil. Franz Wever und Dr. Wolfgang Wepner,
Max-Planck-Institut für Eisenforschung, Düsseldorf
Untersuchung der Alterungsneigung von weichen
unlegierten Stählen durch Härteprüfung bei
Temperaturen bis 300° C
1956. 24 Seiten, 20 Abb., 3 Tabllen. DM 7,95

HEFT 228
Prof. Dr. phil Franz Wever, Dr. phil. Walter Koch
und Dr. rer. nat. Bernd Alexander Steinkopf, Max-
Planck-Institut für Eisenforschung, Düsseldorf
Spektrochemische Grundlagen der Analyse von
Gemischen aus Kohlenmonoxyd, Wasserstoff und
Stickstoff
1956. 31 Seiten, 18 Abb., 1 Tabelle. DM 9,90

HEFT 229
Prof. Dr. phil. Franz Wever, Dr. phil Walter Koch
und Dr.-Ing. Hanns Malissa, Max-Planck-Institut für
Eisenforschung, Düsseldorf
Über die Anwendung disubstituierter Dithiocarba-
mate der analytischen Chemie
1955. 30 Seiten, 30 Abb., 5 Tabellen. DM 10,50

HEFT 230
Prof. Dr. phil. Franz Wever und
Dr. phil. Wolfgang Wepner, Max-Planck-Institut für
Eisenforschung, Düsseldorf
Bestimmung kleiner Kohlenstoffgehalte im α-Eisen
durch Dämpfungsmessung
1955. 19 Seiten, 5 Abb., 2 Tabellen. DM 7,70

HEFT 234
Dr.-Ing K. G. Speith und Dr.-Ing A. Bungeroth,
Duisburg
Versuche zur Steigerung des Kokillen-Schluck-
vermögens beim Stranggießen von Stahl
1956. 15 Seiten, 5 Abb. DM 6,15

HEFT 244
Prof. Dr. phil. Franz Wever, Dr. phil. Walter Koch
und Dr. Siegfried Eckhard, Max-Planck-Institut für
Eisenforschung, Düsseldorf
Erfahrungen mit der spektrochemischen Analyse
von Gefügebestandteilen des Stahles
1956. 22 Seiten, 8 Abb., 2 Tabellen. DM 7,80

HEFT 263
Prof. Dr. phil. Heinrich Lange und
Dipl.-Phys. Rudolf Kohlhaas, Institut für theoretische
Physik der Universität Köln
Über die Wärmeleitfähigkeit von Stählen bei hohen
Temperaturen: Teil I: Literaturbericht
1956. 37 Seiten, 26 Abb., 8 Tabellen. DM 10,70

HEFT 268
Prof. Dr.-Ing. G. Vogelpohl, VDI, Max-Planck-
Institut für Strömungsforschung, Göttingen
Über die Tragfähigkeit von Gleitlagern und ihre
Berechnung
1956. 66 Seiten, 24 Abb., 7 Tabellen. DM 16,85

HEFT 283
Prof. Dr.-phil Franz Wever und
Dr.-Ing. Werner Lueg, Max-Planck-Institut für Eisen-
forschung, Düsseldorf
Warmstauchversuche zur Ermittlung der Formänderungsfestigkeit von Gesenkschmiede-Stählen
1956. 31 Seiten, 19 Abb. DM 9,90

HEFT 288
Dr. phil Kurt Brücker-Steinkuhl, Düsseldorf
Anwendung mathematisch-statischer Verfahren in
der Industrie
1956. 103 Seiten, 28 Abb., 14 Tabellen. Vergriffen

HEFT 290
Dr. rer. nat. Dietrich Horstmann, Max-Planck-
Institut für Eisenforschung, Düsseldorf
I. Der verstärkte Angriff des Zinks auf Eisen im
Temperaturgebiet um 500° C
II. Einfluß eines Antimongehaltes auf den Angriff
von Zinkschmelzen auf Eisen
1956. 36 Seiten, 33 Abb., 3 Tabellen. DM 11,90

HEFT 291
Dr.-Ing. Hans-Joachim Wiester und
Dr. rer. nat. Dietrich Horstmann, Max-Planck-Institut
für Eisenforschung, Düsseldorf
Der Angriff eisengesättigter Zinkschmelzen auf
silizium- und manganhaltiges Eisen
1956. 40 Seiten, 45 Abb., 8 Tabellen. DM 12,60

HEFT 311
Prof. Dr. phil. Franz Wever und
Dr. phil. nat. Max Hempel, Düsseldorf
Dauerschwingfestigkeit von Stählen bei erhöhten
Temperaturen
Teil I: Erkenntnisse aus bisherigen Dauerschwing-
versuchen in der Wärme
1956. 36 Seiten, 19 Abb., 2 Tabellen. DM 10,90

HEFT 312
Prof. Dr. phil. Franz Wever und
Dr. phil. nat. Max Hempel, Max-Planck-Institut für
Eisenforschung, Düsseldorf
Dauerschwingfestigkeit von Stählen bei erhöhten
Temperaturen
Teil II: Zug-Druck-Dauerschwingversuche an
zwei warmfesten Stählen bei Temperaturen von
500 bis 650°C
1956. 36 Seiten, 20 Abb., 3 Tabellen. DM 13,—

HEFT 313
Prof. Dr. phil. Franz Wever, Dr. phil. Walter Koch und
Dipl.-Phys. Helga Rohde, Max-Planck-Institut für
Eisenforschung, Düsseldorf
Änderungen des Habitus und der Gitterkonstanten
des Zementits in Chromstählen bei verschiedenen
Wärmebehandlungen
1956. 76 Seiten, 29 Abb., 8 Tabellen. DM 20,90

HEFT 314
Prof. Dr. phil. Franz Wever,
Dr.-Ing. habil. Alfred Krisch und
Dr.-Ing. Hans-Joachim Wiester, Max-Planck-Institut
für Eisenforschung, Düsseldorf
Veränderungen im Gefügeaufbau von Chrom-
Nickel-Molybdän-Stählen bei langzeitiger Be-
anspruchung im Zeitstandversuch bei 500°
1956. 35 Seiten, 26 Abb., 5 Tabellen. DM 11,70

HEFT 315
Prof. Dr. phil. Franz Wever und
Dr.-Ing. habil. Alfred Krisch, Max-Planck-Institut für
Eisenforschung, Düsseldorf
Metallkundliche Untersuchungen an Zeitstand-
proben
1956. 25 Seiten, 12 Abb. DM 9,15

HEFT 336
Dr. phil. Tung-ping Yao, Gießerei-Institut der Rhein.-
Westf. Technischen Hochschule Aachen
Die Viskosität metallischer Schmelzen
1956. 53 Seiten, 28 Abb., 2 Tabellen. DM 14,40

HEFT 342
Prof. Dr.-Ing. Helmut Winterhager und
Dipl.-Ing. Wolfgang Barthel, Aachen
Die Gewinnung von Titan-Schlacken-Konzentraten
aus eisenreichen Ilmeniten
1956. 47 Seiten, 30 Abb., 6 Tabellen. DM 13,30

HEFT 348
Prof. Dr.-Ing. Eugen Piwowarsky † und
Dr.-Ing. Ernst Günter Nickel, Gießerei-Institut der
Rhein.-Westf. Technischen Hochschule Aachen
Metallurgie eines hochwertigen Gußeisens mit
kompakter bis kugelförmiger Graphitausbildung
1956. 46 Seiten, 27 Abb., 5 Tabellen. DM 13,30

HEFT 349
Dr.-Ing. Wilhelm-Anton Fischer,
Dr.-Ing. Helmut Treppschuh und
Dr.-Ing. Karl Heinz Köthemann, Max-Planck-Institut
für Eisenforschung, Düsseldorf
Tiegel aus Schmelzmagnesia für Vakuuminduk-
tionsöfen
1957. 23 Seiten, 14 Abb. DM 8,40

HEFT 367
Dr. rer. nat. Dietrich Horstmann, Max-Planck-
Institut für Eisenforschung, Düsseldorf
Der Angriff eisengesättigter Zinkschmelzen auf
kohlenstoff-, schwefel- und phosphorhaltiges Eisen
1957. 42 Seiten, 22 Abb., 6 Tabellen. DM 12,85

HEFT 392
Prof. Dr. phil. Franz Wever,
Dr. phil. Wakter Koch, Düsseldorf,
Dr.-Ing. Helmut Knüppel,
Dr. rer. nat. Bernd Alexander Steinkopf,
Dipl.-Ing. Karl Ernst Mayer und
Dipl.-Phys. Gert Wiethoff, Dortmund
Untersuchungen über den Konverterrauch im Hin-
blick auf die spektrale Überwachung des Thomas-
prozesses
1957. 36 Seiten, 14 Abb., 4 Tabellen. DM 12,10

HEFT 407
Prof. Dr.-Ing. Dr.-Ing. E. h. Hermann Schenk,
Aachen und Dr.-Ing. Werner Wenzel, Bad Godesberg
Entwicklungsarbeiten auf dem Gebiete der Ver-
hüttung von Erzstaub in Schmelzkammern
1957. 71 Seiten, 9 Abb., 18 Tabellen. DM 17,10

HEFT 408
Prof. Dr. phil. Franz Wever, Dr.-Ing. Werner Lueg und
Dr.-Ing. Hans Günter Müller, Max-Planck-Institut
für Eisenforschung, Düsseldorf
Kraft- und Arbeitsbedarf beim Warmscheren von
Stahl in Abhängigkeit von Temperatur und
Schnittgeschwindigkeit
1957. 33 Seiten, 15 Abb., 3 Tabellen. DM 11,35

HEFT 409
Prof. Dr. phil. Franz Wever,
Dr. phil. Walter Koch,
Dr. rer. nat. Christa Ilschner-Gensch und
Dipl.-Phys. Helga Rohde, Max-Planck-Institut für
Eisenforschung, Düsseldorf
Das Auftreten eines kubischen Nitrids in alumi-
niumlegierten Stählen
1957. 26 Seiten, 12 Abb., 3 Tabellen. DM 10,10

HEFT 410
Prof. Dr. phil. Franz Wever,
Prof. Dr. rer. techn. Albert Kochendörfer,
Dr. phil. nat. Max Hempel und
Dipl.-Phys. Emil Hillenhagen, Max-Planck-Institut
für Eisenforschung, Düsseldorf
Biegewechselversuche mit Flachproben aus Alpha-
Eisen-Kristallen zur Bestimmung der Wechsel-
festigkeit und der Gleitspuren
1957. 100 Seiten, 58 Abb., 3 Tabellen. DM 30,—

HEFT 455
Dr.-Ing. Wilhelm Anton Fischer,
Dr.-Ing. Helmut Treppschuh und
Dipl.-Phys. Karl Heinz Köthemann, Max-Planck-
Institut für Eisenforschung, Düsseldorf
Erschmelzung von Reinsteisen nach dem Kohlen-
stoffproduktionsverfahren und Kerbschlagzähig-
keit-Temperatur-Kurven dieses Eisens
1957. 25 Seiten, 7 Abb., 6 Tabellen. DM 9,35

HEFT 456
Privatdozent Dr.-Ing. Karl Bungardt, Krefeld
Zeitstandversuche an austenitischen Stählen und
Legierungen
1958. 23 Seiten und Anahng mit Abbildungen und Tafeln
z. T. auf Falttafeln. DM 19,85

HEFT 457
Prof. Dr. phil. Franz Wever und
Dr. phil. Wolfgang Wepner, Max-Planck-Institut für
Eisenforschung, Düsseldorf
Dämpfungsmessungen an schwach gereckten Eisen-
Kohlenstoff-Legierungen
1957. 22 Seiten, 7 Abb., 3 Tabellen. DM 8,40

HEFT 458
Prof.-Ing. Dr.-Ing. E. h. Hermann Schenk und
Dr.-Ing. Eugen Schmidtmann, Aachen,
Dr.-Ing. Hans Kosmider, Dr.-Ing. Herbert Neuhaus
und Dr.-Ing. Alfred Krüger, Haspe
Das Frischen von Thomas-Roheisen mit Sauerstoff-
Wasserdampf-Gemischen und die Eigenschaften
der damit erblasenen Stähle
1957. 50 Seiten, 56 Abb. DM 16,35

HEFT 459
Prof. Dr. phil. Franz Wever,
Dr. phil. Otto Krisement und Hanna Schädler, Max-
Planck-Institut für Eisenforschung, Düsseldorf
Ein isothermes Mikrokalorimeter zur kinetischen
Messung von Umwandlungs- und Ausscheidungs-
vorgängen in Legierungen
1957. 31 Seiten, 14 Abb. DM 10,75

HEFT 460
Prof. Dr. phil. Franz Wever und
Dr. rer. nat. Bernhard Ilschner, Max-Planck-Institut
für Eisenforschung, Düsseldorf
Ein isothermes Lösungskalorimeter zur Bestim-
mung thermo-dynamischer Zustandsgrößen von
Legierungen
1957. 31 Seiten, 7 Abb., 4 Tabellen. DM 10,40

HEFT 461
Prof. Dr.-Ing. habil. Eugen Piwowarsky †,
Prof. Dr.-Ing. Wilhelm Patterson und
Dipl.-Ing. Friedrich Wilhelm Iske, Gießerei-Institut der
Rhein.-Westf. Technischen Hochschule Aachen
Verbesserung der Zähigkeitseigenschaften von
Bessemer-Stahlguß
1957. 41 Seiten, 15 Abb., 16 Tabellen. DM 12,75

HEFT 492
Prof. Dr. phil. Josef Meixner und
Dr. rer. nat. Bruno Manz, Institut für theoretische
Physik der Rhein.-Westf. Technischen Hochschule Aachen
Zur Theorie der irreversiblen Prozesse in α-Eisen
1958. 10 Seiten, 1 Abb. DM 5,70

HEFT 519
Prof. Dr. phil. Franz Wever,
Dr. phil. Walter Koch und
Dr. phil. Siegfried Eckhard, Max-Planck-Institut für
Eisenforschung, Düsseldorf
Die spektrographische Bestimmung der Spuren-
elemente in Stahl ohne vorherige Abbrennung
1958. 36 Seiten, 22 Abb. DM 12,60

HEFT 542
Dr. phil. nat. Gerhard Zapf, Schwelm
Entwicklung eines Verfahrens zur Herstellung von
Formteilen aus Sintermessing
1958. 43 Seiten, 23 Abb., 7 Tabellen. DM 15,15

HEFT 552
Dr.-Ing. Gerhard Leiber und
Dipl.-Ing. Dieter Schauwinhold, Duisburg-Hamborn
Versuche zur Erzeugung halbberuhigten Stahles
1958. 28 Seiten, 23 Abb., 6 Tabellen. DM 11,30

HEFT 562
Prof. Dr.-Ing. Dr.-Ing. E. h. Hermann Schenk,
Prof. Dr. phil. habil. Norbert G. Schmahl und
Dr.-Ing. Götz Funke, Institut für Eisenhüttenwesen
der Rhein.-Westf. Technischen Hochschule Aachen
Die Reduzierbarkeit von Eisenerzen
1958. 101 Seiten, 89 Abb., 10 Tabellen. DM 29,25

HEFT 573
Prof. Dr. phil. Franz Wever,
Dr. rer. nat. Werner Jellinghaus und
Dr.-Ing. Toshimori Shuin, Max-Planck-Institut für
Eisenforschung, Düsseldorf
Gemischt-keramische Sinterwerkstoffe aus Alumi-
niumoxyd und Eisen oder Eisenlegierungen
1958. 76 Seiten, 39 Abb., 17 Tabellen. DM 22,65

HEFT 586
Dr.-Ing. Wilhelm Anton Fischer und
Dr. rer. nat. Alfred Hoffmann, Max-Planck-Institut
für Eisenforschung, Düsseldorf
Verhalten von Eisen- und Stahlschmelzen im Hoch-
vakuum
1958. 41 Seiten, 10 Abb., 13 Tabellen. DM 14,50

HEFT 597
Prof. Dr. phil. Franz Wever,
Dr. phil. Wilhelm Wink und
Dr. rer. nat. Werner Jellinghaus, Max-Planck-Institut
für Eisenforschung, Düsseldorf
Suszeptibilitätsmessungen an hochwarmfesten Legierungen auf Nickel-Chrom- und Kobalt-Nickel-Chrom-Grundlage
1958. 34 Seiten, 10 Abb., 5 Tabellen. DM 12,—

HEFT 599
Prof. Dr. phil. Walter Koch und
Dipl.-Phys. Dr. phil. Heinz Sundermann, Max-Planck-Institut für Eisenforschung, Düsseldorf
Elektrochemische Grundlagen der Isolierung von Gefügebestandteilen in metallischen Werkstoffen
1958. 50 Seiten, 26 Abb., 2 Tabellen. DM 17,60

HEFT 600
Prof. Dr. phil. Walter Koch, Dr. phil. Siegfried Eckhard und Dr. rer. nat. Friedrich Stricker, Max-Planck-Institut für Eisenforschung, Düsseldorf
Die lichtelektrische Spektralanalyse der Gase im Stahl
1958. 53 Seiten, 27 Abb., 9 Tabellen. DM 15,10

HEFT 620
Dr. rer. nat. Dietrich Horstmann, Max-Planck-Institut für Eisenforschung und Gemeinschaftsausschuß Verzinken, Düsseldorf
Der Einfluß von Aluminium im Eisen- und im Zinkbad auf den Zinkangriff
1958. 29 Seiten, 17 Abb., 3 Tabellen. DM 9,40

HEFT 628
Dipl.-Ing. Walter Panknin und
Dipl.-Ing. Wolfgang Möhrlin, Verein Deutscher Ingenieure ADB, Düsseldorf
Die Ermittlung der Fließkurven von Schraubenwerkstoffen   *1958. 20 Seiten, 8 Abb. DM 6,40*

HEFT 630
Prof. Dr. phil. Walter Koch und
Dr. techn. Dipl.-Ing. Hanns Malissa, Max-Planck-Institut für Eisenforschung, Düsseldorf
Beiträge zur Spurenanalyse im Reinsteisen
1958. 25 Seiten, 8 Tabellen. DM 7,60

HEFT 644
Prof. Dr.-Ing. Franz Bollenrath, Institut für Werkstoffkunde an der Rhein.-Westf. Technischen Hochschule Aachen
Untersuchung einiger mechanischer Eigenschaften von Sinteraluminium S. A. P. und S. A. P.-Avional
1958. 24 Seiten, 26 Abb. DM 8,10

HEFT 697
Prof. Dr.-Ing. Theodor Gast,
Dr.-Ing. Karl-Max Frhr. v. Meysenburg und
Prof. Dr.-Ing. Otto Krischer, Technische Hochschule Darmstadt
Untersuchung über die Erwärmungsvorgänge bei der Verarbeitung härtbarer und thermoplastischer Kunststoffe
1959. 91 Seiten, 34 Abb., 4 Tabellen. DM 16,90

HEFT 706
Prof. Dr.-Ing. Dr.-Ing. E. h. Hermann Schenck und Dr.-Ing. Hans Esch, Institut für Eisenhüttenwesen der Rhein.-Westf. Technischen Hochschule Aachen
Zur Untersuchung der Hochofenvorgänge
1959. 32 Seiten, 23 Abb. DM 9,90

HEFT 737
Prof. Dr.-Ing. habil. Karl Krekeler,
Dr.-Ing. Heinz Peukert und Dipl.-Ing. Josef Eilers, Institut für Kunststoffverarbeitung an der Rhein.-Westf. Technischen Hochschule Aachen
Festigkeitsuntersuchungen an Rohren aus Thermoplasten
1959. 66 Seiten, 84 Abb. DM 19,40

HEFT 748
Prof. Dr. phil. nat. habil. Hans-Ernst Schwiete,
Dr.-Ing. Harald Knoblauch und
Dr. rer. nat. Günther Ziegler, Institut für Gesteinshüttenkunde der Rhein.-Westf. Technischen Hochschule Aachen
Die Hydratation der Verbindungen 3 CaO · SiO$_2$ und ß-2 CaO · SiO$_2$
1959. 56 Seiten, 22 Abb., 14 Tabellen. DM 15,70

HEFT 780
Prof. Dr. phil. Franz Wever,
Dr.-Ing. Werner Lueg und Dr.-Ing. Paul Funke, Max-Planck-Institut für Eisenforschung, Düsseldorf
Untersuchung von Walzöl und Walzölemulsionen im Kaltwalzversuch
1959. 68 Seiten, 28 Abb., mehr. Tabellen. DM 18,50

HEFT 788
Prof. Dr.-Ing. Herwart Opitz, Laboratorium für Werkzeugmaschinen und Betriebslehre an der Rhein.-Westf. Technischen Hochschule Aachen
Der Einsatz radioaktiver Isotope bei Zerspanungsuntersuchungen
1959. 35 Seiten, 23 Abb. DM 11,30

HEFT 797
Prof. Dr. phil. Heinrich Lange und
Dr. rer. nat. Rudolf Kohlhaas, Institut für theoretische Physik der Universität Köln
Über die wahre spezifische Wärme von Eisen, Nickel und Chrom bei hohen Temperaturen
Neue Verfahren zur Messung der wahren spezifischen Wärme von Metallen bei hohen Temperaturen
1960. 115 Seiten, 38 Abb., 24 Tabellen. DM 31,20

HEFT 798
Dr. rer. nat. Karl Wassmann, Mönchengladbach
Einfluß der Schutzgasatmosphäre auf die Eigenschaften von Sinterstahl
1959. 94 Seiten, 65 Abb., 19 Tabellen. DM 27,—

HEFT 799
Dipl.-Ing. Helmut Weiss, Frankfurt a. M.
Aufkohlung und Härtung von Sintereisen-Werkstoffen
1960. 61 Seiten, 56 Abb., 2 Tabellen. DM 18,80

HEFT 800
Dipl.-Ing. Otto Schindler, Lehrstuhl für Stahlbau, Technische Hochschule Hannover
Untersuchungen an geschweißten Hüttenkranen
Ein Beitrag zur Berechnung dünnwandiger Hohlkästen
1959. 46 Seiten, 14 Abb., 2 Tabellen. DM 13,20

HEFT 801
Baurat Dipl.-Ing. Waldemar Gesell, Staatliche Ingenieurschule für Maschinenwesen, Duisburg
Ersatz von Quarzsand als Strahlmittel
1960. 66 Seiten, 12 Abb., 4 Tabellen. 17 Diagramme.
DM 18,90

HEFT 833
Prof. Dr.-Ing. Helmut Winterhager und
Dr.-Ing. Dan Hubert Hermes, Institut Aachen
Anodennebenreaktionen bei der Silberraffinationselektrolyse
1960. 55 Seiten, 21 Abb., 10 Tabellen. DM 15,60

HEFT 834
Prof. Dr.-Ing. Helmut Winterhager und
Dr.-Ing. Klaus Reiprich, Institut für Metallhüttenwesen und Elektrometallurgie der Rhein.-Westf. Technischen Hochschule Aachen
Studie über den Glänzabbau des Reinstaluminiums in Flußsäure enthaltenden chemischen Glänzbädern
1960. 92 Seiten, 88 Abb., 7 Tabellen. DM 27,30

HEFT 840
Prof. Dr. phil. Franz Wever,
Dr.-Ing. Hans-Günter Müller und
Dr.-Ing. Paul Funke, Max-Planck-Institut für Eisenforschung, Düsseldorf
Versuchsmäßige und rechnerische Bestimmung von Walzkraft und Drehmoment unter Einwirkung von Bandzugspannungen beim Kaltwalzen von Bandstahl
1960. 36 Seiten, 12 Abb., 3 Tafeln. DM 10,90

HEFT 841
Dr. rer. nat. Hubert Blanck, Max-Planck-Institut für Eisenforschung, Düsseldorf
Untersuchungen zur Kinetik des Martensitzerfalls
1960. 33 Seiten, 11 Abb., 2 Tabellen. DM 10,30

HEFT 849
Direktor Ludwig Martin, Wuppertal-Elberfeld und
Friedrich Steiner, Ratingen
Weiterentwicklung von Friktionswerkstoffen
1960. 66 Seiten, 70 Abb., 3 Tabellen. DM 20,50

HEFT 939
Prof. Dr.-Ing. habil. Wilhelm Petersen und
Dipl.-Ing. Hans Mingenbach, Dozentur für Brikettierung der Rhein.-Westf. Technischen Hochschule Aachen
Untersuchungen über die Herstellung von Erzbriketts
1961. 83 Seiten, 67 Abb., 2 Tabellen. DM 25,60

HEFT 957
Prof. Dr.-Ing. Dr.-Ing. E. h. Hermann Schenck,
Prof. Dr.-Ing. Eugen Schmidtmann und
Dr.-Ing. Helmut Brandis, Institut für Eisenhüttenwesen der Rhein.-Westf. Technischen Hochschule Aachen
Mechanische und physikalische Prüfverfahren zur Ermittlung der Vorgänge bei der Abschreck- und Verformungsalterung
1961. 47 Seiten, 34 Abb. DM 14,90

HEFT 958
Prof. Dr.-Ing. Dr.-Ing. E. h. Hermann Schenck,
Prof. Dr.-Ing. Eugen Schmidtmann und
Dr.-Ing. Heinz Müller, Institut für Eisenhüttenwesen der Rhein.-Westf. Technischen Hochschule Aachen
Untersuchungen zur Isolierung von Einschlüssen und Korngrenzensubstanzen in Eisenwerkstoffen nach dem Dünnschliffverfahren. Innere Oxydation von Eisenlegierungen
1961. 50 Seiten, 33 Abb., 2 Tabellen. DM 15,90

HEFT 961
Prof. Dr.-Ing. Wilhelm Patterson und
Dr.-Ing. Dietmar Boenisch, Gießerei-Institut der Rhein.-Westf. Technischen Hochschule Aachen
Eigenschaften und Eigenschaftsänderungen der Tonmineralien in Formsanden
1961. 33 Seiten, 16 Abb. DM 10,90

HEFT 962
Prof. Dr.-Ing. Wilhelm Patterson und
Dr.-Ing. Philipp Schneider, Gießerei-Institut der Rhein.-Westf. Technischen Hochschule Aachen
Untersuchungen über die Oberflächenfeingestalt von Gußstücken
1961. 69 Seiten, 52 Abb., 1 Bildtafel. DM 20,80

HEFT 963
Prof. Dr.-Ing. Wilhelm Patterson und
Dr.-Ing. Wilhelm Weskamp, Gießerei-Institut der Rhein.-Westf. Technischen Hochschule Aachen
Versuche zur Steigerung der Temperatur in der Schmelzzone des Kupolofens und zur Erzielung eines optimalen thermischen Wirkungsgrades durch Verwendung von HC-Koks in unterschiedlicher Stückgröße
1961. 87 Seiten, 29 Abb., 30 Tabellen. DM 28,30

HEFT 964
Prof. Dr.-Ing. Wilhelm Patterson und
Dr.-Ing. Friedrich Iske, Gießerei-Institut der Rhein.-Westf. Technischen Hochschule Aachen
Zusammenhang zwischen den mechanischen Eigenschaften im Gußstück und im getrennt gegossenen Probestab
1961. 82 Seiten, 53 Abb., 13 Tabellen. DM 23,80

HEFT 968
Prof. Dr.-Ing. habil. Anton Königer †, Institut für Gießereikunde der Technischen Universität Berlin
Zur Kenntnis der Passivierbarkeit und Korrosionsbeständigkeit technischer Eisensorten
1961. 25 Seiten, 7 Abb., 8 Tabellen. DM 8,90

HEFT 969
Prof. Dr. phil. Erich Scheil, Düsseldorf
Über den Zustand von Metallschmelzen
1961. 37 Seiten, 23 Abb., 2 Tabellen. DM 11,90

HEFT 970
Prof. Dr.-Ing. Anton Königer † und
Dipl.-Ing. Günther Kuhl, Institut für Gießereikunde
der Technischen Universität Berlin
Der Einfluß verschiedener Begleit- und Legierungselemente auf das Viskositätsverhalten von Gußeisenschmelzen
1961. 26 Seiten, 14 Abb., 6 Tabellen. DM 8,60

HEFT 1016
Dr. rer. nat. W. Jellinghaus, Max-Planck-Institut für
Eisenforschung, Düsseldorf
Sinterwerkstoffe aus Nickel oder Nickelaluminid
mit Aluminiumoxyd
1961. 33 Seiten, 22 Abb., 6 Tabellen. DM 13,50

HEFT 1057
Prof. Dr.-Ing. Dr.-Ing. E. h. Hermann Schenck,
Dr.-Ing. Werner Wenzel und
Dr.-Ing. Hanns-Dieter Butzmann, Institut für Eisen-
hüttenwesen der Rhein.-Westf. Technischen Hochschule
Aachen
Die Reduktion von Eisenerzen im heterogenen
Wirbelbett
1961. 87 Seiten, 32 Abb., 5 Tabellen. DM 28,20

HEFT 1067
Prof. Dr.-Ing. Dr.-Ing. E. h. Hermann Schenck und
Dr.-Ing. Klaus-Dieter Unger, Institut für Eisenhütten-
wesen der Rhein.-Westf. Technischen Hochschule Aachen
Versuche zur Bestimmung von Verunreinigungen
in Metallen; insbesondere von Oxyden und Oxyd-
verbindungen in technischen Stählen
1962. 34 Seiten, 10 Abb., 3 Tabellen. DM 13,40

HEFT 1068
Prof. Dr.-Ing. Dr.-Ing. E. h. Hermann Schenck,
Dr.-Ing. Werner Wenzel, Dr.-Ing. Günter Lindelar,
Prof. Dr.-Ing. Rudolf Spolders und
Dr.-Ing. Hilmar Weidenmüller, Institut für Eisenhütten-
wesen der Rhein.-Westf. Technischen Hochschule Aachen
Der Einfluß des Schwefels und der Kohlenoxyd-
spaltung auf den Hochofenprozeß
1962. 222 Seiten, 99 Abb., 51 Tabellen. DM 49,50

HEFT 1083
Prof. Dr.-Ing. Franz Bollenrath und
Ahmed Ali Salem El-Sabbagh, Institut für Werkstoff-
kunde der Rhein.-Westf. Technischen Hochschule Aachen
Untersuchungen über die Warmfestigkeit von
Hartlötverbindungen
1963. 80 Seiten, 88 Abb., 7 Tabellen. DM 59,40

HEFT 1092
Prof. Dr.-Ing. habil. Anton Königer † und
Dr.-Ing. Manfred Odendahl, Institut für Gießereikunde
der Technischen Universität Berlin
Der Einfluß von Oxyden auf die Viskosität von
reinen Eisen-Kohlenstoff-Silizium-Legierungen
1962. 23 Seiten, 9 Abb. DM 10,40

HEFT 1093
Dr.-Ing. Wolf Dieter Röpke und
Dr.-Ing. Abbas Sabé, Institut für Gießereikunde der
Technischen Universität Berlin
Das Fließvermögen und die Warmrißneigung von
Stahl mit besonderer Berücksichtigung des Ein-
flusses von hohen Molybdängehalten
1962. 37 Seiten, 21 Abb., 4 Tabellen. DM 17,—

HEFT 1094
Prof. Dr.-Ing. habil. Anton Königer † und
Prof. Dr. phil. Emanuel Pfeil, Institut für Gießerei-
kunde der Technischen Universität Berlin
Versuche zur Entwicklung von Korrosions-Prüf-
methoden
1962. 23 Seiten, 7 Abb., 3 Tabellen. DM 10,80

HEFT 1113
Dr. rer. nat. Wolfgang Pitsch, Max-Planck-Institut für
Eisenforschung, Düsseldorf
Die kristallographischen Eigenschaften der Ni-
tridausscheidungen im α-Eisen
1962. 21 Seiten, 8 Abb., 3 Tabellen. DM 11,—

HEFT 1114
Dipl.-Chem. Dr. phil. Siegfried Eckhard und
Dipl.-Phys. Walter Baum, Max-Planck-Institut für
Eisenforschung, Düsseldorf
Über ein physikalisches Verfahren zur Bestim-
mung des Wasserstoffs im ternären Gemisch
mit Stickstoff und Kohlenmonoxyd
1962. 63 Seiten, 31 Abb. DM 39,80

HEFT 1122
Prof. Dr.-Ing. Dr.-Ing. E. h. Hermann Schenck,
Dozent Dr.-Ing. Werner Wenzel und
Dr.-Ing. Günther Dietrich, Institut für Eisenhütten-
wesen der Rhein.-Westf. Technischen Hochschule Aachen
Reaktionskinetische Betrachtung des Sintervor-
ganges und Möglichkeiten zur Leistungssteigerung.
Entwicklung eines Schachtsinterverfahrens
1962. 93 Seiten, 24 Abb., 5 Tabellen. DM 44,50

HEFT 1158
Dr.-Ing. habil. Alfred Krisch, Max-Planck-Institut für
Eisenforschung, Düsseldorf
Über die Extrapolation von Zeitstandversuchen
1963. 31 Seiten, 13 Abb., 2 Tabellen. DM 17,50

HEFT 1190
Prof. Dr.-Ing. Max Vater und Dipl.-Ing. Otto Schulte,
Institut für Bildsame Formgebung der Rhein.-Westf.
Technischen Hochschule Aachen
Die Formänderungsfestigkeit von Metallen
In Vorbereitung

HEFT 1191
Prof. Dr.-Ing. habil. Anton Königer †,
Dr.-Ing. Manfred Odendahl und Eberhard Pahl, Institut
für Gießereikunde der Technischen Universität Berlin
Über die Bildsamkeit von tongebundenen Formsanden
1963. 33 Seiten, 21 Abb., 4 Tabellen. DM 18,—

HEFT 1192
Prof. Dr.-Ing. habil. Anton Königer † und
Dr.-Ing. Peter R. Sahm, Institut für Gießereikunde der
Technischen Universität Berlin
Das Fließvermögen reiner und sauerstoffhaltiger
Kupferschmelzen
1963. 47 Seiten, 38 Abb. 3 Tabellen. DM 31,80

HEFT 1193
Prof. Dr.-Ing. Helmut Winterhager und
Dr.-Ing. Reinhard K. Buchner, Institut für Metall-
hüttenwesen und Elektrometallurgie der Rhein.-Westf.
Technischen Hochschule Aachen
Beitrag zum experimentellen Problem der Messung
schneller Elektrodenvorgänge
1963. 40 Seiten, 14 Abb. DM 17,—

HEFT 1194
Dr. rer. nat. Werner Jellinghaus, Max-Planck-Institut
für Eisenforschung, Düsseldorf
Beiträge zur Konstitution metallischer Stoffe durch
Suszeptibilitätsmessungen
1963. 25 Seiten, 8 Abb., 3 Tabellen. DM 14,—

HEFT 1253
Dipl.-Ing. Alfred Puck, Dipl.-Ing. Horst Wurtinger,
Deutsches Kunststoffinstitut, Darmstadt
Werkstoffgemäße Dimensionierungs-Größen für
den Entwurf von Bauteilen aus kunstharzgebun-
denen Glasfasern
Teil I und II
1963. 149 Seiten, 73 Abb., 8 Tabellen. DM 76,—

HEFT 1305
Dr. phil. Hermann Möller und
Dipl.-Phys. Helmut Weeber, Max-Planck-Institut für
Eisenforschung, Düsseldorf
Die Bildgüte bei der Durchstrahlung von Werk-
stoffen mit Röntgen- oder Gammastrahlen von
0,1 bis 31 MeV
1963. 69 Seiten, 40 Abb., 2 Tabellen. DM 32,90

HEFT 1344
Prof. Dr.-Ing. Dr.-Ing. E. h. Hermann Schenck,
Dozent Dr.-Ing. Werner Wenzel,
Dr.-Ing. Hans D. Kluger, Institut für Eisenhütten-
wesen der Rhein.-Westf. Technischen Hochschule Aachen
Über das Reduktionsverhalten eisenoxydhaltiger
Schlacken
1964. 91 Seiten, 60 Abb., 6 Tabellen im Anhang.
DM 44,—

HEFT 1355
Dr.-Ing. habil. Alfred Krisch, Max-Planck-Institut für
Eisenforschung, Düsseldorf
Kriechverhalten, Gefügeänderung und Risse bei
mehrjährigen Zeitstandversuchen
1964. 27 Seiten, 17 Abb., 6 Tabellen. DM 14,80

HEFT 1379
Dr. phil. nat. Max Hempel, Max-Planck-Institut für
Eisenforschung, Düsseldorf
Dauerschwingfestigkeit bei 20 und 500°C von
Stählen mit niedrigem Kohlenstoffgehalt und ver-
schiedenen Titan-Zusätzen
1964. 58 Seiten, 27 Abb., 12 Tabellen. DM 34,—

HEFT 1384
Dr. rer. nat. Hans-Jürgen Engell, Dr. rer. nat. Anton
Bäumel und Dr. rer. nat. Konrad Bohnenkamp, Max-
Planck-Institut für Eisenforschung, Düsseldorf
Die Spannungsrißkorrosion von Weicheisen in
Kalzium-Nitratlösungen

HEFT 1385
Prof. Dr.-Ing. Helmut Winterhager und Dr.-Ing. Roland
Kammel, Institut für Metallhüttenwesen und Elektro-
metallurgie der Rhein.-Westf. Technischen Hochschule
Aachen
Über die elektrochemischen Grundlagen der Zink-
chlorid–Schmelzflußelektrolyse

HEFT 1387
Dipl.-Chem. Wolfgang Werner, im Auftrage der Deut-
schen Industrie-Werke Aktiengesellschaft, Berlin-Spandau
Verbesserung der Eigenschaften von Sinterteilen
durch Nachbehandlung (Oberflächenveredelung,
Korrosionsschutz)
In Vorbereitung

HEFT 1391
Dipl.-Phys. Dr. rer. nat. Ernst Wachtel und Dipl.-Phys.
Erich Übelacker, Max-Planck-Institut für Metallfor-
schung, Stuttgart, im Auftrage des Vereins Deutscher
Gießereifachleute, Düsseldorf
Messung der Dichte und der magnetischen Sus-
zeptibilität von Zinn–Zink-Legierungen

HEFT 1398
Prof. Dr.-Ing. Eberhard Schürmann und Dr.-Ing. Horst-
Carsten Groth, Institut für Gießereiwesen der Berg-
akademie Clausthal, im Auftrage des Vereins Deutscher
Gießereifachleute, Düsseldorf
Schmelzgleichgewichte im System Eisen-Schwefel-
Kohlenstoff–Phosphor und Silizium bei 1400°C
1964. 31 Seiten, 6 Abb., 6 Tabellen. DM 15,50

HEFT 1403
Dr. phil. nat. Gerhard Zapf, Dipl.-Ing. Ulrich Völker
und Ing. Rudolf Reinstadler, im Auftrage der Forschungs-
gemeinschaft Pulvermetallurgie, Schwelm
Entwicklung von Fertigungsmethoden zur Erzeugung hochfester Sinterteile, Teil I und II
In Vorbereitung

HEFT 1414
Prof. Dr. phil. Walter Koch, Dipl.-Phys. Helga Kolbe-Rohde und Dr. rer. nat. Jürgen Dittmann, Max-Planck-Institut für Eisenhüttenwesen der Rhein.-Westf. Technischen Hochschule Aachen
Untersuchungen zur Kinetik der Karbidbildung in Chromstählen

HEFT 1415
Prof. Dr.-Ing. Dr.-Ing. E. h. Hermann Schenk, Dozent Dr.-Ing. Werner Wenzel und Dr.-Ing. Trimbak Herwadkar, Institut für Eisenhüttenwesen der Rhein.-Westf. Technischen Hochschule Aachen
Stückigmachung von Feinerz auf dem Wanderrost in Gemischen mit Feinkohle
In Vorbereitung

HEFT 1416
Prof. Dr.-Ing. Dr. h. c. Herwart Opitz und Dipl.-Ing. H. H. Bech, Laboratorium für Werkzeugmaschinen und Betriebslehre der Rhein.-Westf. Technischen Hochschule Aachen, im Auftrage des Vereins Deutscher Gießereifachleute, Düsseldorf
Bearbeitung von Leichtmetallen
Untersuchung von Leichtmetall-Gußlegierungen im Fräsvorgang
In Vorbereitung

HEFT 1419
Prof. Dr. phil. Adolf Rose, Dr.-Ing. Hans Paul Hougardy und Dr.-Ing. Albert Klein, Max-Planck-Institut für Eisenforschung, Düsseldorf
Der Einfluß der Unterkühlung auf die Kristallisationsformen von voreutektoidisch ausgeschiedenen Phasen und von eutektoidischen Phasengemengen
In Vorbereitung

HEFT 1420
Prof. Dr. phil. Erich Scheil † und Dr. rer. nat. Hans Lukas, im Auftrage des Vereins Deutscher Gießereifachleute, Düsseldorf
Messung des Dampfdruckes von magnesiumhaltigen Gußeisenschmelzen
In Vorbereitung

HEFT 1428
Prof. Dr.-Ing. Max Vater, Dipl.-Ing. Gerhard Nebe und Dipl.-Ing. Ansgar Schütze, Institut für Bildsame Formgebung der Rhein.-Westf. Teechnischen Hochschule Aachen
Mechanische Entzunderung von Blechen und Bändern
In Vorbereitung

HEFT 1447
Dr. phil. Wolfgang Wepner, Max Planck-Institut für Eisenforschung, Düsseldorf
Restwiderstandsmessungen an reinem Eisen
In Vorbereitung

HEFT 1448
Dr. rer. nat. Ralf Damm und Dr. rer. nat. Ernst Wachtel, Max-Planck-Institut für Metallforschung, Stuttgart, im Auftrage des Vereins Deutscher Gießereifachleute, Düsseldorf
Magnetische Messungen und kinetische Versuche an flüssigen Wismut–Mangan-Legierungen
In Vorbereitung

HEFT 1474
Prof. Dr.-Ing. Max Vater, Dipl.-Ing. Gerhard Nebe und Dipl.-Ing. Ansgar Schütze, Institut für Bildsame Formgebung der Rhein.-Westf. Technischen Hochschule Aachen
Beitrag zur mechanischen Entzunderung von Draht
In Vorbereitung

Verzeichnisse der Forschungsberichte aus folgenden Gebieten können beim Verlag angefordert werden:
Acetylen/Schweißtechnik – Arbeitswissenschaft – Bau/Steine/Erden – Bergbau – Biologie – Chemie – Eisenverarbeitende Industrie – Elektrotechnik/Optik – Energiewirtschaft – Fahrzeugbau/Gasmotoren – Farbe/Papier/Photographie – Fertigung – Funktechnik/Astronomie – Gaswirtschaft – Holzbearbeitung – Hüttenwesen/Werkstoffkunde – Kunststoffe – Luftfahrt/Flugwissenschaften – Luftreinhaltung – Maschinenbau – Mathematik – Medizin/Pharmakologie/NE-Metalle – Physik – Rationalisierung – Schall/Ultraschall – Schiffahrt – Textiltechnik/Faserforschung/Wäschereiforschung – Turbinen – Verkehr – Wirtschaftswissenschaft.

WESTDEUTSCHER VERLAG · KÖLN UND OPLADEN
567 Opladen/Rhld., Ophovener Straße 1–3

GPSR Compliance
The European Union's (EU) General Product Safety Regulation (GPSR) is a set
of rules that requires consumer products to be safe and our obligations to
ensure this.

If you have any concerns about our products, you can contact us on

ProductSafety@springernature.com

In case Publisher is established outside the EU, the EU authorized
representative is:

Springer Nature Customer Service Center GmbH
Europaplatz 3
69115 Heidelberg, Germany